早餐女王驾到

不重样的早餐 给不一样的你

李唯 著

U0229052

化学工业出版社

·北京·

世界上最会做早餐的姑娘

我愿过着力所能及的简单生活，精神富足雀跃地徜徉在我狭隘的世界里闪闪发光。

——李唯

你梦想中的生活是什么样子的呢？

在工资跑不赢房价的如今，你是不是早已失去了做梦的勇气，整日被困在繁杂重复的工作中身心俱疲？每个早晨都在匆忙和喧嚣拥挤中度过，毫无朝气？

有人曾说"梦想照进现实，生活不是诗"，可有这样一个姑娘却偏偏要与现实对抗，为自己梦想中的生活坚持和努力，还闯出了一片天地。

她就是李唯。

李唯有一个霸气的名字——"早餐女王"，看看这些如童话般浪漫美好的早餐，就知道她实至名归。到今天，李唯已经做了600天不重样的早餐了。

或许很多人都会好奇，"她哪来这么多时间，一定很闲吧？"恰恰相反，李唯有自己的工作和事业，忙起来时昏天黑地都来不及喝一口水。

只是无论多累多忙，她每天都会早起1小时，做做运动，然后用余下的35分钟为自己准备一份美好的早餐，换来一整天满满的能量。

也有人很不理解，"就你一个人，早餐吃得这么正式有意义吗？"可对于李唯来说，一个人的时候才更应该学会疼爱自己、取悦自己。其实有很多快乐的感受，自己都可以给自己。虽然大部分的节假日李唯都要在工作中度过，但充满"仪式感"的早餐一定要有。

她认真享受着每个红日初升、晨雾渐薄，阳光唤醒房间的早晨，她说这才是自己想要的生活。

李唯曾在一家不错的外企工作，虽然收入可观，却因为终日的奔波忙碌和饮食无规，落下了严重的胃病。她思考了很长时间，决定辞掉高薪的外企工作，用自己的全部积蓄开了一家手工糖果店。虽然工作并不比从前轻松多少，有时在店里做切糖一站就是 10 小时，晚上回家还要研究第二天的食谱，她却觉得充实而快乐。

她会把自己每天做的早餐传到网上作为记录并与大家分享，很快她的早餐在网络上广泛传播，越来越多的人开始找她学习食谱，也因此结缘了现在的合作伙伴，经营了一家名为"遇见"的生活馆，有温暖的装饰和慵懒醉人的旋律，大概每个女孩都有一个开生活馆的梦想吧，可李唯却把它实现了。

李唯明白拼梦想很重要，但是有个好身体才能作为支撑。她抓紧一切空隙时间健身，练习瑜伽。工作如果太累了，就给自己放个假，出去旅行，看看更广阔的世界。除了买喜欢的餐具，李唯把自己挣来的大部分钱，都用在了旅行上。

的确，生命的长度虽然很有限，但生命的宽度却可以通过自己的修为无限拓展。她自学油画，为自己画了自画像；玩起尤克里里来，很有文艺女青年的味道；你千万别以为李唯是柔弱的小女生，她喜欢尝试一切刺激的极限运动：蹦极、潜水……她说还有跳伞一直没有实现。

李唯的闺蜜曾告诉她，"这世界上有另一个你，在坚持你曾放弃的梦想，做着你不敢做的事儿，过着你想要的生活"，可李唯却觉得，只要够努力，够坚持，生活和梦想也可以兼得。

从当初的糖果屋，到如今的生活馆，李唯最大的梦想其实是有个大院子，有爱人在侧，可以种花种菜，做美食。

虽然如今已经有花有菜种，有美食做，但她知道，在自己的努力下，院子很快会有的。至于爱人，她也不急，因为不愿将就。但她相信，那个人一定会来。

"当我们往前看时，感觉岁月悠长、遥不可及，而往后看时，却咫尺可量"。

在很多人感慨青春易老、生活毫无意义的时候，李唯却在追梦的路上从未停歇脚步，她身兼好几份工作，养活自己的梦想，乐在其中。

李唯早已在追梦的人生路上，变成了更好的自己，正如同她生活馆的名字——"遇见"，遇见生活的美好，遇见最好的自己。

就如同何炅所说，"梦想存在的意义不仅仅只是为了拿来实现的，而是有一件事儿在远远的地方提醒我们，还可以去努力变成更好的人。"

愿所有的姑娘都能在漫漫的人生路上，遇见最好的那个自己，爱对的人，不负此生。

《她刊》专访

相信美好

才能遇见美好

人生若只是初见

人人都内心很美好

我是李唯

我想告诉你

世界上所有的坚持

都是因为热爱

正如我喜欢羊坚持的瑜伽也是如love

你不必去做一个人人喜欢的姑娘

只要做自己喜欢的姑娘就好

不管你做什么、选择什么

表达什么、呈现什么

总会有人喜欢或不喜欢

赞成或反对，支持或推翻

很少人能够认真深究与理解他人的发心和用意。

既然如此，一意孤行是最简单的方式。

就是按照自己的方式去做

前提是需要检查自己的发心和用意。

我只懂得用自己的方式

面对梦想毫无保留，一步一踏实

愿你在自己存在的地方成为一束光

照亮世界的一角

每一个早餐

所花的时间和努力

都是为了爱人和爱

都是自己给予生活的一种仪式感。

还有入口那刻幸福和满足的笑容

但愿我所坚持的态度

也可以被世界温柔地对待

李唯

PART ②

好天气带来的
美丽

PART ①

不想做早餐又不想
凑合自己的时候

PART ④
嫁给爱情

PART ③
小日子里
最温暖的治愈

PART 1

不想做早餐又不想凑合自己的时候

吃好一顿早餐，才能有精力充沛的一天。所以我主张早餐要吃得像女王一样，丰富，精致，荤素搭配，营养全面。同时本书用精美的图片、时尚大方的版式，为您带来不一样的视觉体验。

PART 1

冬日里，
阳光就是食物最好的摄影师。

牛油果软欧
水果塔

 准备食材

牛油果 1个
（熟一些的）
法棍
芒果
鸡蛋
蓝莓
（自己喜欢的就
可以）
黑胡椒粉
柠檬汁
橄榄油

步骤

· 1 · 牛油果切开，用勺子把果肉挖出来，捣成泥。

· 2 · 在牛油果泥上撒上黑胡椒粉，淋上柠檬汁和橄榄油，搅拌均匀。

· 3 · 法棍切块，用勺子将拌匀的牛油果泥平铺在法棍块上。

· 4 · 再铺上芒果，水煮鸡蛋切片，蓝莓，或者其他喜欢的水果。

搭配推荐 养乐多或鲜榨橙汁

火烧云鸡蛋早餐

准备食材

吐司 1片
鸡蛋 1枚
砂糖 10~15g

·1·把蛋白和蛋清分离，盛蛋白的容器必须无油无水。要小心分离蛋黄，不能破哦。

·2·蛋清中加入砂糖，用打蛋器打发至硬性的蛋白霜（可以拉起小尖角的样子）。

·3·把打发好的蛋白霜涂抹在吐司上，吐司边缘也要涂抹均匀。

·4·在蛋白霜中间挖个洞，把蛋黄稳稳地放在洞中间。

·5·烤箱140℃预热好，放入烤箱中层，烤13~16分钟。可依个人烤箱温度调节时间长短。

·6·后面的几分钟，最好守在烤箱边上观察，因为很有可能一不小心火烧云会烤成雾霾蛋哦。

吃的时候可以切开溏心的蛋黄，沾着吐司吃，太美味啦。

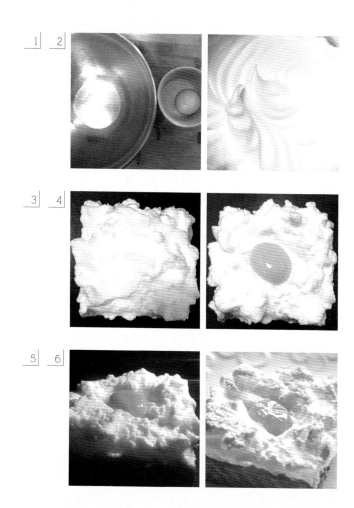

 杂蔬玉米沙拉　养乐多乳酸菌

秋葵土豆饼

早餐

大土豆 3个
秋葵 3~4根
淀粉 15g
胡椒粉
盐 2.5g
橄榄油

- 1·将土豆蒸熟，剥皮，用勺子压成泥。
- 2·往土豆泥中加入淀粉、盐和胡椒粉，充分搅拌均匀。
- 3·秋葵焯水（约15秒），捞起切8mm厚的块。
- 4·拿一个喜欢的模具，挖一团土豆泥填进去按平，在中间挖一个小洞，把秋葵块按进去。
- 5·依次压好脱模。这些土豆我一共做了6个土豆饼。
- 6·锅烧热倒入橄榄油（转小火）放入土豆饼，煎2分钟。
- 7·煎至表面金黄色就翻一面，继续把另外一面煎2分钟，煎至表面金黄，关火，盖上锅盖利用余温闷1分钟，起锅，摆盘即可。

紫薯山药

早餐

准备
食材

紫薯 150g
山药 150g
蜂蜜 10g

- 1·将紫薯和山药上锅蒸熟，剥去外皮。
- 2·剥去外皮的紫薯和山药放入保鲜袋里用擀面杖压成泥，尽量细腻一些。
- 3·在紫薯泥里加蜂蜜搅拌均匀，以增加紫薯的黏度和甜度。
- 4·拿一个喜欢的模具扣在盘子上。
- 5·用勺子把紫薯泥挖到模具中，填到模具的一半压平整。
- 6·把山药泥也挖到模具里填满，压平整。
- 7·轻轻地用手压住上面往下压，进行脱模。
- 8·可以在脱模好的紫薯山药上加点喜欢的果酱（我用草莓酱），放上薄荷叶进行装饰。

PART1

网格西多士

准备食材

牛奶 100g
砂糖 10g
吐司 2片
鸡蛋 1枚

喜欢将各种常见的食材变换成自己喜欢的形状和造型，因为没有什么比取悦自己的视觉来得更重要啦！更何况今天的做法是烤的，会比油炸的更健康哟。

⊙1·将鸡蛋磕入牛奶中，加入砂糖打匀。

⊙2·把牛奶鸡蛋抽打至砂糖融化没有颗粒感即可。

⊙3·把吐司像图3一样用锯刀切成1cm宽的条备用。

⊙4·把吐司条放入牛奶蛋液中浸泡3秒，让吐司条吸收饱满的蛋液。

⊙5·铺好锡纸，将吸收了蛋液的吐司条4条一列横着排好。

⊙6·第二层吐司条竖列排好。

⊙7·继续往上再加一层，形成网格形状。

⊙8·烤箱预热至150℃，烤20分钟。只要看见表面上色了，就拿一张锡纸盖住继续烤，免得颜色太焦。

每个烤箱温度不一样请自行进行调整。

⊙9·烤完取出来，撒上糖粉，加上喜欢的果酱，或淋上蜂蜜，或蘸着炼奶吃，简直不要太棒哦!

如果一次做多了没有吃完的，可以放冰箱冷藏。再次食用前，用烤箱回温再烤7分钟即可。

菠萝炒饭

准备食材

胡萝卜丁
豌豆
火腿丁
（自己喜欢的就行）
鸡蛋 2枚
虾仁
（用生抽料酒腌几
分钟）
隔夜米饭 1碗
熟的菠萝 1个
盐 3g
黑胡椒粉
橄榄油

步骤

·1· 菠萝洗干净，从菠萝的纵向三分之一处切开，用刀子在里面划四方格。再用勺子小心地挖出果肉备用。

·2· 锅烧热，倒入橄榄油，油热后，先倒入胡萝卜丁、火腿丁，翻炒约1分钟，再倒入豌豆翻炒片刻。

·3· 倒入隔夜米饭。

·4· 用铲子把结块的米饭都摊开来翻炒均匀。

·5· 鸡蛋中加2克盐，搅拌均匀，将蛋液均匀地淋在米饭上继续翻炒，让每一粒米饭都裹上蛋液。

·6· 倒入虾仁翻炒（虾仁后放会比较嫩），再加入黑胡椒粉和1g的盐，翻炒均匀。

·7· 倒入菠萝粒，继续翻炒。

·8· 将翻炒均匀的菠萝饭盛出，装盘，趁热食用即可。

 搭配推荐 **鲜榨橙汁**

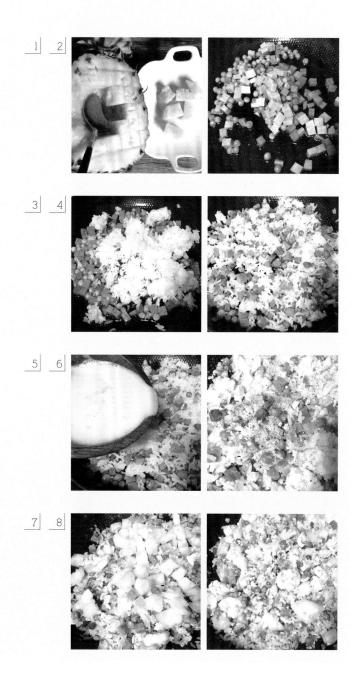

饭团 梅子樱花

准备食材

米饭 300g
（可做3个饭团）
紫苏梅子 9颗
砂糖
海苔 1小张
盐渍樱花 3朵

步骤

- 1·拿出紫苏梅子，去核，用刀把果肉剁碎。
- 2·煮好的米饭温凉之后与剁碎的果肉、少许砂糖混合，搅拌均匀。
- 3·用保鲜膜将100g拌好的梅子饭包紧，如图3上手势，左右手一起压紧（因为右手要拍摄）整形成三角形状。
- 4·整形好的饭团模样，再照样做两个。
- 5·海苔切成长9cm宽3cm的片。
- 6·用海苔片包住已经整形好的梅子饭团。
- 7·盐渍樱花用凉水泡开去盐，用筷子夹起点缀即可。
- 8·装盘。

 搭配推荐　网纹瓜　玫瑰姜茶

PART1

不用手捏的饭团

今天是不用手捏的饭团，这是我最喜欢的饭团之一，因为每次我都在里面填好多料，吃起来特别过瘾！

准备食材

米饭 300g（配 3g 寿司醋）

海苔 2 张

蛋皮

香肠

芝士

番茄

牛油果

黄瓜

鸡腿肉

（任何你喜欢的食材都可以，这里我用的是两份的量）

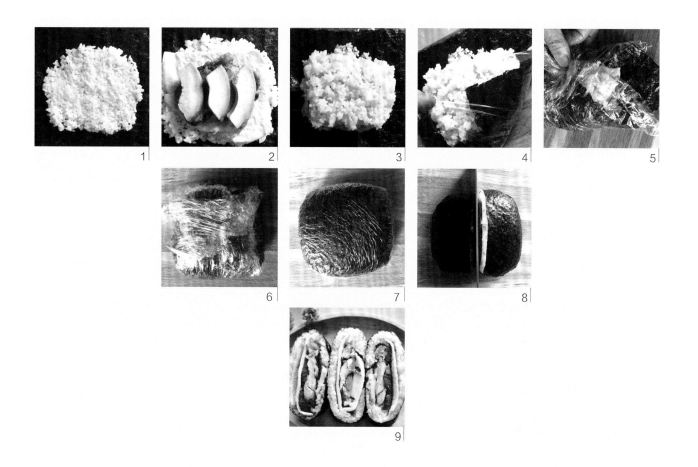

⊙1·剪1张保鲜膜铺在砧板上，放上1片海苔，把米饭用勺子均匀地摊在海苔上（勺子上抹点油就不会粘了）。

⊙2·把喜欢的食材一层层加上去叠起来，一般放2~3种食材就够了，叠得太高会不好包起来。

⊙3·把食材都叠加好之后，再铺上一层米饭。

⊙4·把保鲜膜的一角带着海苔一起向对角方向对折包起来。

⊙5·每个角都向对角对折，折好一角就把保鲜膜掀起再折另外一角海苔。

⊙6·全部折好后，把保鲜膜像刚刚那样向对角一层层地折整齐，包紧整形好。

⊙7·这是整形好翻过来的样子，跟抱枕一样可爱。

⊙8·从背面把保鲜膜掀掉，用锋利的菜刀从中间对半切开。

⊙9·切开的样子。很有食欲吧？有半个已经被我消灭掉了。

PART1

芋头蛋卷

早餐

准备食材

小芋头 3个
鸡蛋 2枚
盐 2g
油

步骤

·1· 芋头放锅里隔水蒸20分钟，蒸熟后去皮压成芋泥，越细腻越好。

·2· 往蛋液中加2g盐，抽打均匀后用过滤网过滤一遍，这样蛋皮会更加细腻光滑。

·3· 小火热锅，倒少许油，再用厨房纸小心擦去大部分油，倒入蛋液。

·4· 用小火慢慢加热到蛋液表面凝固。

·5· 待蛋液凝固后，翻面，关火，利用锅面的余温再煎1分钟即可盛起。

·6· 蛋皮煎熟后放在案板上，把芋泥均匀地涂满整个蛋皮。

·7· 拿起蛋皮的一边向另外一边卷起。

·8· 切成自己喜欢的大小即可食用。

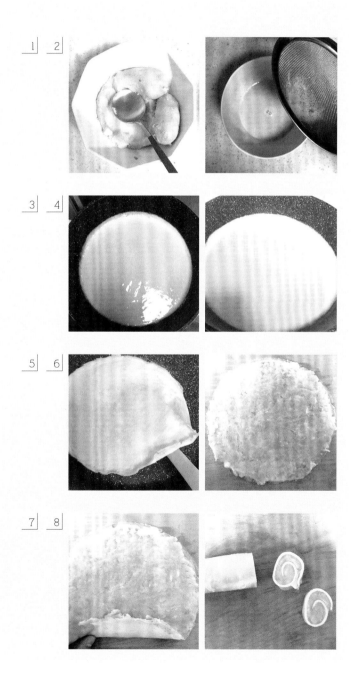

PART1

香蕉烤吐司

准备食材

吐司 2片
砂糖 5g
黄油 5g
香蕉 1根

步骤

· 1 · 把吐司放在烤盘上，吐司两面都均匀涂
上黄油。

· 2 · 香蕉斜着切片，摆在吐司上，涂上一层
黄油（不然烤的过程中会变干）再均匀
地撒上一层砂糖。

· 3 · 烤箱220℃预热20分钟，烤10分钟即可，
注意上色了就拿张锡纸盖住，烤完拿出
即可食用。

· 4 · 从烤箱内取出趁热食用口感更好。

· PS · 香蕉不要买太熟的，稍微熟了能吃的就
行，太熟的切开后会更容易发黑。

搭配推荐   谷物牛奶   鸡蛋   杨桃

PART1

兔子吐司

准备
食材

吐司 1片
火腿 1片
芝士 1片
（这是做一个兔子吐司的量）
海苔 1小张
意面 1根
番茄酱少许

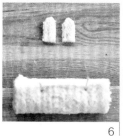  

⊙1·吐司切去四边，这个边先别扔掉哦，
　　等下还有用。

⊙2·用擀面杖均匀、温柔地擀平吐司。

⊙3·放上火腿和芝士片，略小于吐司，
　　卷完不容易露馅，此处用的火腿片
　　是超市里切片分装好的即食火腿。

⊙4·从上面开始把吐司向下卷起。

⊙5·吐司卷好后，折一小段意面插入吐
　　司卷边缘固定，注意咯，记得插的
　　这个位置就是到时候耳朵的位置。

⊙6·用切除的吐司边剪两个小耳朵，把
　　耳朵插在刚才固定的意面上。

⊙7·用剪刀或者压模器压出表情，话说
　　这个海苔可是万能的食物配饰，我
　　家常年必备！

⊙8·粘点番茄酱把海苔表情黏在吐司
　　上，再用番茄酱做腮红，表情就出
　　来嘞！

⊙9·用胡萝卜、黑芝麻、全麦做的各种
　　颜色的兔子吐司来集合啦。

PART 2

好天气带来的美丽

阳光透过窗帘，叫醒与被窝缠绵的我们。好天气总会帮我们充满元气，能量慢慢地开始新的一天。当然，新的一天要从早餐开始。或简单或复杂，创意的点子如光斑一样在餐桌上闪烁。今天吃什么样的早餐，才能配得起如此美好的天气呢？

PART2

樱花寿司

樱花寿司以简单为美味，逐渐受到了人们的喜爱。今天我们就来学一款风味独特的樱花寿司卷吧！

准备食材

海苔 1张
樱花粉 5g
米饭 200g
（配2.5g寿司醋）
胡萝卜 1条
大根 1条
黄瓜 1条
牛蒡丝（也可不用）
肉松

搭配推荐

鲜虾
土豆泥
鸡蛋
草莓
豌豆

⊙1·将海苔放在寿司帘中间。

⊙2·把米饭从中间向四周均匀地铺开，一定要铺平。

⊙3·往米饭上均匀地铺上樱花粉，再盖上一张保鲜膜。

⊙4·将盖好保鲜膜那一面翻转过来，在海苔的上下边各铺上一条米饭，不要太多，再铺上大根条、胡萝卜条、黄瓜条，挤上几条沙拉酱（依个人喜欢可不要）。

⊙5·均匀摆放上肉松和牛蒡丝。

⊙6·将寿司帘卷起来，如图6对折卷，用手将接口的地方捏紧，尽量按紧。

⊙7·打开寿司帘，取出保鲜膜包好的寿司卷。

⊙8·用锋利的刀（最好是专用的寿司刀）将寿司卷切成1cm厚的块。

⊙9·按照喜欢的造型将寿司摆好，浪漫的樱花寿司大功告成。

PART2

紫薯草莓大福

紫薯　200g
椰蓉
草莓　5-6 颗
蜂蜜

步骤

- ·1·蒸熟的紫薯去皮，放入保鲜袋中。用擀面杖或者勺子碾碎压成泥。
- ·2·取出紫薯泥，加入一勺蜂蜜，搅拌均匀（如果紫薯够甜，湿度够的话，也可不加）。
- ·3·把紫薯泥均匀地分成5份，取1份，从中间按下去，形成凹槽。
- ·4·把草莓放入凹槽内，把周边的紫薯慢慢地向中间推，收口，搓圆。
- ·5·把搓圆的紫薯球放入盛有椰蓉的容器中。
- ·6·晃动盛有椰蓉的容器，让紫薯球在中间滚动，直到均匀地粘上椰蓉。
- ·7·拿一颗从中间切开，露出中间的草莓，摆盘会更美。

配菜 ～～～ 鸡蛋煮熟，用水果刀切出V形纹路。小心地挖出蛋黄，将蛋黄捣碎后加入一点胡椒粉和千岛酱搅拌均匀，放入裱花袋中挤出纹路。加上薄荷叶装饰。

像我这种从来不爱吃蛋黄的人，总会想办法把鸡蛋做出小花样，然后消灭光，哈!

搭配推荐　　水煮蛋　紫薯奶昔

彩虹比萨早餐

准备食材

吐司 1片
番茄酱
芝士 1片
红彩椒丁
（或者番茄丁）
杏鲍菇丁
豌豆丁
玉米粒
胡萝卜丁
紫洋葱丁

步骤

- 1·吐司摆好，在上面均匀地涂上番茄酱。
- 2·铺上芝士片（我用了1.5片的芝士铺满）也可以用奶酪碎，但是没有芝士片来的平整。
- 3·铺上蔬菜粒，每种摆两行，最好根据蔬菜的颜色逐次摆放，会比较好看。
- 4·直至铺满整个吐司，所备材料可做两片吐司。
- 5·烤箱预热至200℃，烤10分钟即可，根据每个烤箱温度差异，调节时间。
- 6·烤好拿出，切开同芝士一起趁热吃。

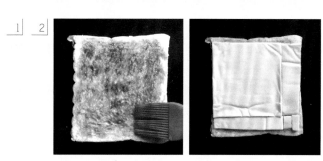

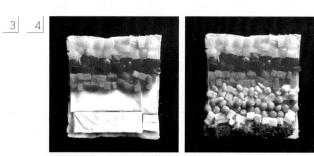

配菜 〰〰〰 取红色、黄色彩椒。取中间最宽处切下1cm厚的圈。

锅烧热，倒油，放彩椒圈。把鸡蛋打入其中，小火煎。在周围洒两三滴水，盖上锅盖，按个人喜欢掌握鸡蛋的熟度即可。

搭配推荐 彩椒蛋 牛油果奶昔

带着觉知，继续往前，
不要迟疑，
早安。

小清新牛油果芦笋意面

准备食材

意面 120g（2 人份）
芦笋 6 根（切段）
蒜 2 瓣
牛油果 1 个
（熟透的）
火腿 5 片
黄油 40g
（橄榄油也可以）
牛奶 200ml
黑胡椒粉
芝士粉
盐

· 1 · 水烧开，放入意面，加少许盐，煮
　　　8~10分钟。

· 2 · 煮完后捞起，过一遍凉水，备用。

· 3 · 火腿切成小方块，蒜切碎粒，牛油果切
　　　成两半去核，挖出果肉用勺子碾成泥。

· 4 · 锅烧热，放入黄油融化。

· 5 · 放入蒜粒，炒至金黄色，有蒜香飘出。

· 6 · 放入火腿块，炒至表面微黄翘起。

· 7 · 加入牛奶、牛油果泥、芦笋段，调小火
　　　搅拌至汤汁浓稠，再撒黑胡椒粉调味。

· 8 · 放入煮好的意面，搅拌均匀，装盘后撒
　　　芝士粉即可。

搭配
推荐　　　芒果慕斯

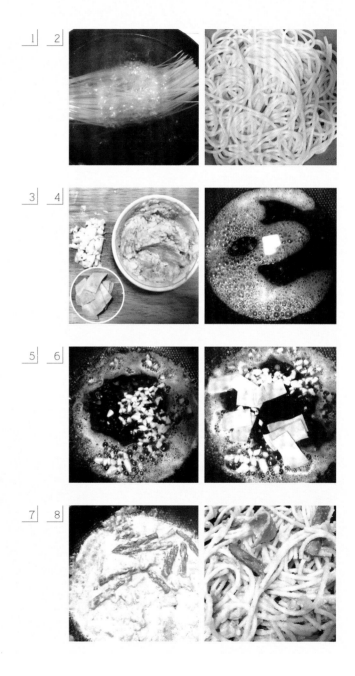

PART2

芦笋厚蛋烧

准备食材

芦笋
胡萝卜
鸡蛋 3枚
盐 2g
橄榄油

⊙4·将搅拌均匀的蛋液过滤两遍，蛋皮
会更细腻。

⊙5·锅用小火烧热后，倒入橄榄油，再
用厨房纸擦去大部分的油，留薄薄
一层即可。

⊙6·倒入蛋液，拿起平底锅迅速转一圈，
让蛋液铺平，慢慢受热凝固。

⊙7·蛋液凝固后摆上芦笋和胡萝卜条。

⊙1·水烧开后滴入一滴食用油可让芦笋更
翠绿，放入芦笋焯水约1分钟。

⊙2·可以用刚刚焯芦笋的水，继续焯胡
萝卜条，2分钟即可。

⊙3·蛋液中加入盐，搅拌均匀。

⊙8·用锅铲掀起蛋皮的一边盖住蔬菜向
上慢慢卷起。

⊙9·把卷好的蛋卷推向锅的一边，倒入
剩下的蛋液，用小火慢慢煎。

⊙10·等蛋液凝固后慢慢地卷起。

⊙11·卷完后再把四边煎均匀。

⊙12·蛋卷煎好后移到案板上，按自己喜
欢的大小切块即可。

PART2
花篮西多士

准备食材

吐司 2片
黄瓜 1根
芝士 2片
培根 1片
鸡蛋 2枚
盐 1g
油

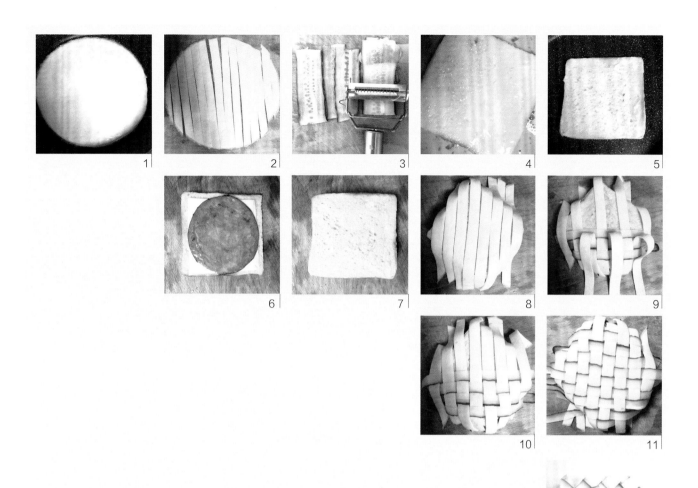

⊙3 · 黄瓜洗净用削皮刀削成薄片，从中间分两半，和蛋皮宽度一样即可。

⊙4 · 鸡蛋1个打散，吐司切除四边，把吐司放进蛋液里泡两三秒，翻面再泡两三秒。

⊙5 · 锅烧热，滴少许油，放入沾好蛋液的吐司，煎到两面呈金黄色盛起。

⊙6 · 取1片煎好的吐司，放上芝士片和培根片（煎好的）。

⊙7 · 盖上另一片煎好的吐司。

⊙8 · 如图，将吐司竖着放，蛋皮条竖着摆放整齐。

⊙9 · 黄瓜条横着放，与蛋皮条一上一下地交叉编织。

⊙1 · 鸡蛋1个打散后加lg盐搅拌均匀，锅小火烧热后，倒少许油，用厨房纸擦干后，倒蛋液下去，迅速摇动锅让蛋液铺均匀，小火加热凝固后，关火，盖上锅盖闷1分钟盛起。

⊙2 · 蛋皮煎好后，切成1cm宽的条。

⊙10 · 一根一行地交叉编织，尽量推紧密一些做出来会更好看。

⊙11 · 编完后，用厨房剪刀修饰边缘。

⊙12 · 修好的样子，可以用剩下的黄瓜条折成蝴蝶结，再摘几片薄荷叶装饰。

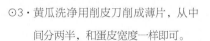

·045

PART2

鸡蛋荷兰豆三明治

准备食材

吐司 2片
鸡蛋 2枚
荷兰豆 6~7个
沙拉酱
黑胡椒粉
油
盐

搭配推荐

蔬菜沙拉

咖啡

⊙1·将两片吐司重合叠起来，整齐地切去四边。

⊙2·鸡蛋煮熟后去皮，切开切碎，加一勺沙拉酱和少许黑胡椒粉，搅拌均匀。

⊙3·水烧开放入荷兰豆，加盐少许和一滴食用油，煮6~8分钟，煮熟后捞起擦去水分。

⊙4·把一半拌好的鸡蛋沙拉酱均匀地铺在吐司上，再整齐地铺上荷兰豆。

⊙5·均匀地铺上剩下的鸡蛋沙拉酱，盖满。

⊙6·再盖上1片吐司。

⊙7·取一张保鲜膜平铺在案板上，放上吐司。

⊙8·把四周都包裹好，这样切出来的更平整。

⊙9·用手压住吐司，用吐司切片刀对半切开即可。

PART2

培根土豆泥卷

凉爽的秋日，
让自己如阳光般存在。
假期刚过，
大家都收拾好心情重新出发吧！
早安。

准备食材

土豆 1个
（大个的）
培根 1包
胡椒粉
盐
油

搭配推荐

芦笋扒虾仁

鸡蛋

热牛奶

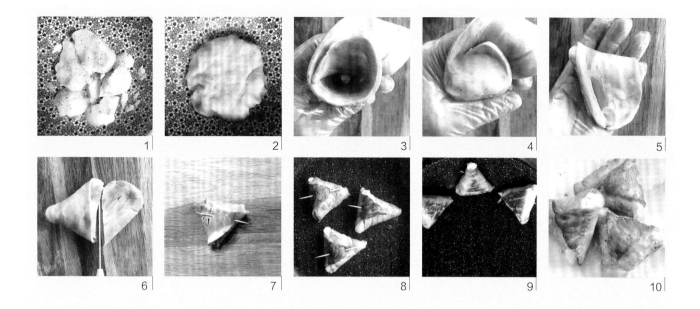

⊙3·用手的虎口处将培根卷成漏斗状。

⊙4·挖一小勺土豆泥填入培根卷中。

⊙5·用培根盖住填土豆泥的口。

⊙6·把培根的一边翻过来向尖角方向
　　包，剩余的培根用刀子切掉。

⊙1·土豆蒸熟后去皮，撒少许胡椒粉
　　和盐。

⊙2·将土豆碾成泥，越细腻越好。

⊙7·用一根牙签穿过培根固定。

⊙8·锅烧热倒入少许油，培根放入锅中
　　煎到双面呈焦黄色。

⊙9·两面都煎熟后把培根立在锅的侧
　　面，把侧边也煎熟。

⊙10·趁热盛起，吃的时候先拔去牙
　　　签哦。

PART2

迷你蘑菇汉堡

准备
食材

肉末 160g
（加少许生抽和盐）
生菜 2片
芝士 2片
鲜香菇 4个
沙拉酱
番茄酱
番茄 1个
（切片）
橄榄油
盐

⊙4·锅烧热倒入橄榄油，放入肉饼和香菇。

⊙5·煎3分钟后，全部翻面继续煎。

⊙6·撒少许盐在香菇上，继续煎。

⊙7·盖上锅盖焖煎，香菇会渗出水分，期间再翻一遍香菇和肉饼。

⊙8·香菇和肉饼煎好后，在香菇的下层上铺上生菜和番茄片。

⊙1·肉末中加少许生抽和盐搅拌均匀。

⊙2·鲜香菇尽量挑大的，洗干净后用厨房纸擦干，从横截面上切开。

⊙3·将调好味的肉末分成4份，捏成同样大小的肉饼。

⊙9·铺上肉饼。

⊙10·舀入沙拉酱和番茄酱，各放一半。

⊙11·将芝士切成大小合适的片铺在酱上面。

⊙12·盖上香菇上层插上牙签即可，有微波炉的话再转一圈非常热的时候超好吃。

PART2

小蜜蜂寿司

准备食材

米饭 150g

寿司醋 3g

厚蛋烧 1块
（做法参考 P43）

海苔 2张

芝士 1片

⊙1·将厚蛋烧放在半张海苔上卷住，如果海苔不伏贴就在厚蛋烧上沾一点水。

⊙2·卷好后放着备用，我们接下来做另外一部分。

⊙3·往米饭中加入3g寿司醋拌匀，再平铺在半张海苔上。

⊙4·把刚刚卷好的厚蛋烧放在米饭上。

⊙5·拿起寿司帘的一边把厚蛋烧卷在米饭里面。

⊙6·卷好后侧面的样子，卷的时候一定要卷紧，很多小伙伴都给我留言说寿司米饭很容易散开，那是因为还没有卷紧的时候就打开了。

⊙7·卷好整形后把寿司帘打开。

⊙8·用锋利的刀按自己喜欢的宽度（一般都是1cm）切开，每切一次，记得擦干净刀面再切下一个，这样的话每一面都会很干净。

⊙9·用模具和压模器把海苔和芝士压出图中的形状，蜜蜂的鼻子、触角和尾巴用胡萝卜丝做装饰。

⊙10·把刚刚弄好的蜜蜂零件用夹子摆上去就完成啦。

PART2

鸭子寿司

米饭 300g
煮熟的蛋黄 3个
寿司醋 5g
胡萝卜 1小条
海苔 2张

⊙1·米饭加入5g寿司醋拌匀,分成130g和170g两份。

在170g米饭中加入3颗煮熟的蛋黄搅拌均匀,分成100g和70g。

再将130g米饭分成3份,分别是90g、30g、10g。

胡萝卜煮熟,切成细三角状的1小条,做鸭子嘴巴。

海苔两张,每一张都对半剪（只用到3个半张）,其中半张再剪下三分之一。

⊙2·在寿司帘上铺上最小张的海苔,取70g蛋黄醋饭做成长条状。

⊙3·放上切好的胡萝卜条。

⊙4·卷起寿司帘,调整好嘴巴的位置,用手紧握一会儿,让米饭和海苔贴合。

⊙5·取半张海苔铺在寿司帘上,把100g蛋黄醋饭捏成长条状。

⊙6·卷起寿司帘,整成半圆形,尾巴那部分尖一点,紧握一会儿让米饭和海苔贴合。

⊙7·取半张海苔,铺在寿司帘上,将90g米饭铺平,上缘留1cm,把之前剪下的三分之一张海苔黏上去,以防长度不够。

⊙8·在铺好的米饭中间,放上鸭子的头部和身体。头部稍微往前一点,整形出来比较好看。

⊙9·在鸭子的头后部填上30g米饭,头前部填上10g米饭,加以固定。

⊙10·卷起寿司帘,一边卷一边确认鸭子位置有没有对齐。

⊙11·卷成图中那样用手握紧一会儿定型。

⊙12·定型后,打开寿司帘,准备切开。

⊙13·用锋利的刀切成5份（自己喜欢的大小也可以）。

⊙14·将海苔剪成圆形,做鸭子眼睛。

PART2
四海寿司

和水信饼，简直不能再棒了。一份四海寿司搭上草莓思慕雪樱花烂漫的季节，

准备食材

米饭 350g
（分成 150g 和 200g）
寿司醋 3g
厚蛋烧 1条
小黄瓜 1根
樱花粉 15g
海苔 3张

⊙4·把粉色米饭均匀铺在海苔上，留出3cm，把刚刚卷好的黄瓜饭条放在上面。

⊙5·整根卷好后一定要用寿司帘捏紧再松开。

⊙6·用寿司刀从圆柱饭条的中间纵向切下去，一定要切均匀。

⊙7·再从半根圆柱饭中间切下去，共分4份。

⊙8·将一张海苔铺在寿司帘上，拿两根切好的饭条背靠背放在海苔上，再拿厚蛋烧放在两根饭条的凹槽处。

⊙9·再把剩下两根饭条平行搭在上面，用寿司帘卷成方形。

⊙10·卷紧后松开，如果饭团体积太大，海苔不够长，可以拿一张海苔拼接起来，拼接的中间可以用米饭粘合。

⊙11·用锋利的寿司刀切成1cm宽，每切一次一定要把刀面擦干净。

⊙1·往200g的米饭中加入寿司醋搅拌均匀，铺在海苔上，上端留出5cm，下端放上黄瓜。

⊙2·把整根黄瓜卷住。

⊙3·在150g米饭中加入15g樱花粉，搅拌均匀。

PART2

西瓜寿司

准备
食材

米饭 240g
芦笋 40g
（或者绿色青菜）
樱花粉 15g
寿司醋 2g
黑芝麻 1g

⊙4·在60g米饭中加入芦笋沫搅拌均匀，变成绿色部分，用来做西瓜皮。

⊙5·在30g米饭中加入2g的寿司醋，搅拌均匀，用来作为西瓜皮的白色部分。

⊙6·取50g粉红色米饭放在保鲜膜中，整形成三角形，三角形的底为8cm，侧边为10cm，高为1.5cm。

白色米饭取10g整形成长8.2cm，宽6mm，高1.5cm的小长条。

绿色的米饭取20g整形成长8.4cm，高1.5cm，宽1cm的长条。在保鲜膜中整形的时候一定要捏紧定型，不然等下打开就容易散开。

⊙1·把米饭分成三份，粉红色150g、绿色60g、白色30g，下面来调色。

⊙2·往150g米饭中加入15g樱花粉，搅拌均匀就变成了粉红色，用来做西瓜的红色部分。

⊙3·芦笋（或者其他绿叶蔬菜）在锅里焯水2分钟捞起，放在料理机中加5g水打碎后用过滤网过滤出芦笋沫。

⊙7·各个部分整形好之后，把保鲜膜解开，拼接在一起。

⊙8·用镊子把黑芝麻黏在粉色米饭上作为西瓜籽。这样就完成了1个西瓜饭团啦，再照样做两个吧。

⊙9·像不像西瓜？和真的西瓜摆在一起，你还分得出来吗？

PART 3

小日子里最温暖的治愈

渐渐地，早餐不再是口腹之欲的过瘾，味蕾和饱腹感的满足，她像是平日中守护的小精灵，能给你温暖而甜蜜的力量，更何况是小日子里这一份热腾腾的早餐。我就是想送你一个温暖、甜蜜的早晨……

PART3

青团早餐

准备食材

糯米粉 150g

粘米粉 35g

豆沙馅 80g

甜萝卜丝馅 60g

春菜 1棵
（艾草更好）

橄榄油 5g

糯米青团、玉米汁，
春天如约而至，
正好你也在场。

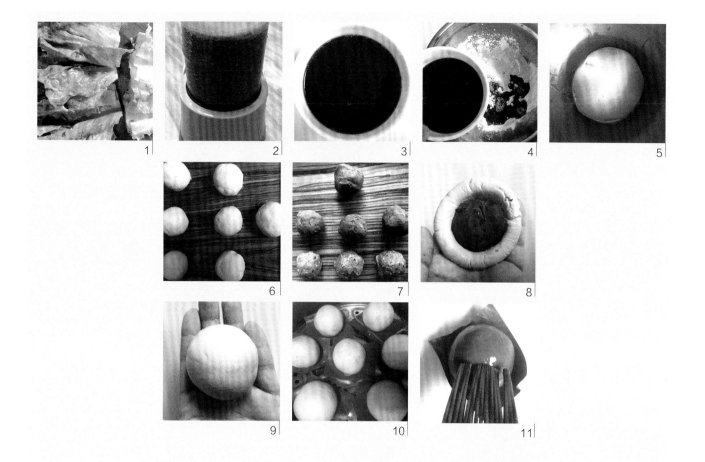

⊙3·用过滤网过滤出春菜菜汁。

⊙4·把春菜菜汁倒入糯米粉和粘米粉中。

⊙5·慢慢搅拌成絮状，再揉成春菜汁面团。

⊙6·把春菜汁面团平均分成7份。

⊙7·把豆沙馅和甜萝卜丝馅拌匀，分成7
等份，每份约20g。

⊙8·把1份面团捏成一个凹形，再放入1份
馅料。

⊙9·慢慢向中间搓圆，收入口，包口朝下
搓圆。

⊙1·春菜洗干净，切去根部白色部分只
留绿色叶子，水烧开春菜放入锅中
焯10秒，捞起沥干水。

⊙2·把春菜叶子与10ml水放入料理机
中，打成汁。

⊙10·锅中水烧开，铺上粽叶或者烘焙
纸，再放入青团，转中小火蒸10分
钟左右即可。

⊙11·蒸好出锅后，稍微温凉时刷上橄榄
油，防止粘在一起。

PART3

今天的早餐是春天的颜色，
宁负荣华，
不负春光，
早上好。

纷吐司 开放式水果缤

准备食材

橙子 1个
奇异果 1个
（只用到一半）
草莓 2个
蓝莓
吐司 3片
打发好的奶油或者
浓酸奶 65g

- 1·把吐司四边切除，只要中间的6.5x10cm 的长方形吐司。
- 2·把水果洗干净，橙子、奇异果去皮切 片，草莓切片，尽量薄厚、大小均匀， 这样比较平整。
- 3·用抹刀挖点奶油（奶油打发的比例是 1：10，1是糖的量，10是液态奶油）或 者浓酸奶，均匀地涂抹在吐司上，可以 涂的厚一些，比较好固定水果。
- 4·先拿一片橙子和奇异果切去1/3，贴在奶 油吐司上。
- 5·用草莓片、蓝莓填补剩下的奶油吐司空 白处，有多余的地方就用刀子修饰水果边 缘，尽量和吐司边吻合，再拼上去。
- 6·剩下的奶油吐司空白处都用小个的蓝莓 或者切小片的奇异果填补完整。
- 7·把中间的那块推上去也很漂亮。

 自制酸奶

PART3

草莓戚风裸蛋糕

喜欢裸蛋糕是因为它随意而真实，不矫饰、不炫技，用自己喜欢的食材做自己喜欢的味道，然后展现它原本的样子，如自己，随性为之。

 准备食材

鸡蛋 3枚
低筋面粉 80g
砂糖 70g
植物油 30g
牛奶 50ml
柠檬汁 3滴
淡奶油 100ml

 搭配推荐

红豆汤

水煮蛋

脆黄瓜

⊙1· 将蛋黄与蛋白分离，在蛋黄中加入20g砂糖，搅拌均匀，直到砂糖完全融化。

⊙2· 依此加入植物油、牛奶，每加入一种材料前都要充分搅拌均匀。

⊙3· 筛入低筋面粉，搅拌均匀至无颗粒感。

⊙4· 蛋白用打蛋器打至粗泡后（金鱼眼状）开始加入砂糖，40g砂糖分3次加入，再加入3滴柠檬汁，打发至干性发泡，打发成功的蛋白霜细腻，具有光泽。

⊙5· 蛋白霜分3次拌入搅拌好的蛋黄糊中。尽量从下往上翻拌均匀，做成蛋糕糊。

⊙6· 从大概20cm的高处将蛋糕糊倒入模具，用刀抹平表面，然后大概以10cm的高度摔两下，目的是震出蛋糕糊中的大气泡。

⊙7· 以180℃预热烤箱20分钟，放入蛋糕糊，以145℃烤50分钟，依个人烤箱调整时间。

⊙8· 烤完后立刻取出，从约20cm高处落下，立刻倒扣，放凉再脱模。

⊙9· 淡奶油100ml加入10g砂糖，稍微打发至出现纹路即可。随意地涂抹在放凉的蛋糕表面，再放上草莓即可。

也许生存在世间的人，

都只是在等待一种偶遇，

一种适时的偶遇，

时间对了，

你们便会遇上。

——宫崎骏《龙猫》

龙猫便当

准备食材

米饭 1份

熟芝麻粉 10g

芝士 1片

海苔 1片

意面 1根

- 1 · 先挖出一小部分米饭备用，剩下的部分倒入熟芝麻粉。
- 2 · 搅拌均匀，备用。
- 3 · 把拌好的芝麻米饭留两个拇指大小的量，其余的捏成类似锥形的椭圆饭团。
- 4 · 把刚刚预留的米饭捏成扁椭圆形，贴在大椭圆芝麻饭团上，用保鲜膜包好固定形状。
- 5 · 用剪刀或者压模工具，在海苔和芝士片上裁出眼睛、鼻子和V形波纹，意面剪出4根作为胡须（煤球精灵是用海苔包了一小团米饭做成的）。
- 6 · 把刚刚预留的两份芝麻米饭捏成小锥形的耳朵，用保鲜膜固定形状。
- 7 · 小心撕开保鲜膜，在两个耳朵下面插一段意面，另一端插入大芝麻饭团，固定好身体和耳朵。
- 8 · 用镊子将眼睛、鼻子等装饰拼好，萌萌哒的龙猫就完成了。

叉烧肉　莴笋火腿　炒三鲜　奇异果

糯米蛋
早餐

糯米 250g
（浸泡 3 小时以上）
三鲜杂蔬 80g
（自己喜欢的就行）
香菇丁 80g
五花肉 150g
生咸鸭蛋 6 枚
生抽
老抽
料酒

步骤

·1· 五花肉切丁，尽量切小，加入生抽、老抽、料酒，腌制1小时以上（我不小心切大粒了）。

·2· 生咸鸭蛋洗干净，选较尖那头敲一下，挖一个小洞，尽量挖小一点，倒出里面的蛋清，留住蛋黄。

·3· 将蛋壳立着放，开口的那头朝上。

·4· 把腌制好的五花肉丁、三鲜杂蔬、香菇丁一起倒入已经沥干水分的糯米中，搅拌均匀。

·5· 再加入生抽3g、老抽（1.5g调色用）、料酒2g、鸡精2g、盐（依个人口味也可不加，因为老抽稍咸），全部混合搅拌均匀。

·6· 把拌好的馅料灌进蛋壳里，动作尽量轻一些，边灌边抖动蛋壳，不要用力捅，装95分满即可。

·7· 每一枚都用锡纸包好，锡纸够包住鸡蛋大小即可，不要裹得太厚。上锅蒸45分钟，高压锅25分钟即可。

| 1 | 2 |
 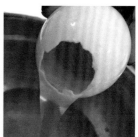

| 3 | 4 |

| 5 | 6 |

| 7 |

搭配推荐　　草莓　牛奶

PART3

小猪寿司

米饭 150g
（用2g寿司醋拌好）
樱花粉 3g
海苔 1张
香肠 1根

鲜榨橙汁

⊙1·取30g醋饭加2.5g樱花粉搅拌均匀，留出0.5g樱花粉等下做腮红。

⊙2·剪四分之一张海苔，放在寿司帘上，拿出15g樱花粉米饭，捏成三角形的条。

⊙3·用寿司帘卷成三角形，捏紧固定形状。

⊙4·共做两条三角形饭条做猪耳朵用。

⊙5·把三角形饭条切成1cm厚的块。

⊙6·把香肠放在半张海苔上卷起，可以在香肠上沾点水，就会很好固定了。

⊙7·拿半张海苔，把剩下的醋饭均匀地铺在海苔上，上边留出5cm，香肠条放在上面。

⊙8·卷起来的样子。

⊙9·把大饭条切开，厚度和耳朵一样。

⊙10·把耳朵和头连在一起，沾一点水在海苔上就可以黏住了。

⊙11·用吸管挖出猪的鼻孔。

⊙12·用海苔压出圆形的眼睛。

⊙13·用镊子把压好的海苔黏上去做猪的眼睛。

⊙14·用剩下的樱花粉做腮红即可。

饥饿小鸡油
酱面

准备食材

鹌鹑蛋 6枚
意面 1把
肉末 40g
葱 5g
蒜
芝麻
胡萝卜
料酒
生抽

步骤

· 1 · 鹌鹑蛋煮熟，剥去外壳，用水果刀切
　　出W形纹路，掀去上层蛋白。

· 2 · 用芝麻与胡萝卜做眼睛和嘴巴。

· 3 · 高汤烧开下面，煮10分钟（我比较喜
　　欢吃软的面）捞起备用。

· 4 · 热油，加葱蒜，放入肉末，爆炒2分
　　钟，加入半勺料酒、生抽，翻炒1分
　　钟，放入刚刚煮好的面，翻拌均匀
　　即可。

PART3

波点蛋包饭

准备食材

鸡蛋 2枚
自己喜欢配料
的炒饭 1份
盐 1g

搭配推荐

鲜榨橙汁

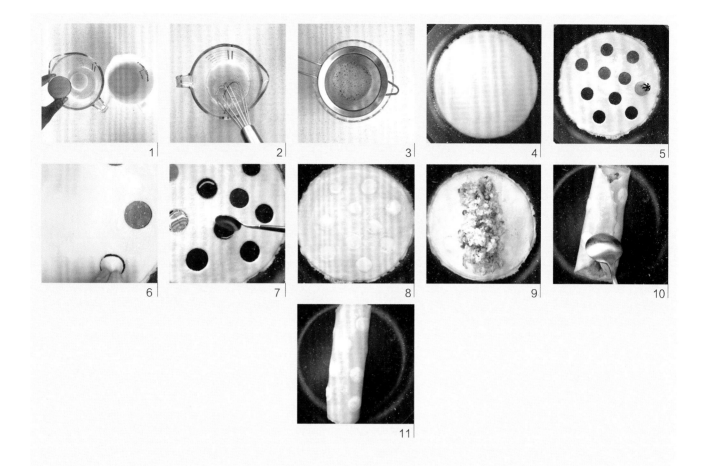

⊙1·将1枚鸡蛋分离出蛋黄和蛋清，把蛋黄加入全蛋液中（左边）。

⊙2·在有两个蛋黄的蛋液中加入盐，搅拌均匀。

⊙3·用过滤网过滤一遍，使蛋液变得细腻，等下煎的时候不会出现泡泡。

⊙4·锅烧温热（注意一定要用小火，倒点油再用厨房纸擦去大部分油，只留薄薄一层油即可，油太多会容易起泡泡）倒入蛋液，快速转动平底锅让蛋液均匀铺满，随着温度升高慢慢凝固。

⊙5·蛋液凝固后关火，锅里有余温就行了，用裱花头或者圆形的模具在蛋皮上压出圆形。

⊙6·扣出的圆形蛋皮吃掉，别浪费哈。

⊙7·用勺子舀入蛋清填满镂空的圆圈。

⊙8·开小火，锅温热后蛋白就会立刻凝固，凝固后立即关火，蛋皮与蛋白就能完美地结合在一起。

⊙9·把煎好的蛋皮翻一面，将热过的炒饭倒在中间。

⊙10·用锅铲掀起蛋皮向中间包起。

⊙11·翻一面移到盘子上即可，趁热切开来吃吧。

PART3

杂蔬御饭欧姆蛋

准备
食材

鸡蛋 3枚
芥菜 35g
杂蔬
（玉米粒　胡萝卜粒　豌豆）30g
口蘑 15g
盐 4g
米饭 60g

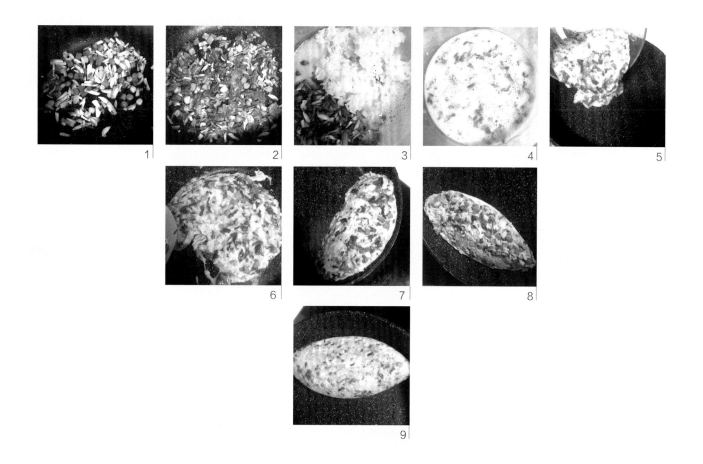

⊙1·把食材全部洗干净切丁,锅里倒少许油,先把杂蔬丁和口蘑丁一起放进锅里炒熟。

⊙2·把荠菜丁放进锅里一同翻炒,炒熟后盛出。

⊙3·鸡蛋打散,不用过度抽打,加入刚刚炒好的蔬菜丁和米饭,再加入4g 盐。

⊙4·让米饭和蔬菜丁都裹上蛋液,用勺子压一下米饭,确保米饭没有黏在一起。

⊙5·平底锅倒入少许油,用小火烧热,倒入调好的米饭。

⊙6·用锅铲拌一拌,稍微炒一下,半熟状态就好,炒太熟会不好定型。

⊙7·把锅拿起倾斜,让米饭移到锅的一边,利用锅的边缘小火定型。

⊙8·再倾斜到另一边,一定要用小火,蛋液半熟状态时好定型。

⊙9·左右两边定好型后,翻一面关火,利用锅的余温再定型即可。喜欢吃很熟的话,就多定型一会儿,用手指在欧姆蛋表面按一下,蛋面有点弹性即可盛起。

PART3

小时候妈妈每次说今天煮芋头饭，

我就特别兴奋！

然后什么零食都不吃，

就等着开饭。

芋头营养丰富，

还能增强免疫力，

这样的芋头饭我一次能吃三碗！

芋头饭

准备食材

米 500g
（泡半个小时）
芋头 300g
香菇 4个
瘦肉 50g
胡萝卜 20g
盐 4g
生抽

步骤

· 1 · 所有食材洗净，切好。锅烧热，倒入油，把香菇片、胡萝卜丝、瘦肉丁先后倒入锅中翻炒片刻。

· 2 · 倒入芋头丁翻炒2分钟，不用炒软。

· 3 · 倒入沥干水分的米翻炒3分钟，加入4g盐和一勺生抽翻炒均匀。

· 4 · 将炒好的米放入电饭煲内加入米量1.2倍的水（因为米已经泡过水了）。

· 5 · 按下煮饭键煮熟即可。

· 6 · 煮好后撒点葱下去闷1分钟即可食用，不喜欢吃葱的可以省略。

PART3

风琴土豆

准备食材

土豆 1个
（选长一些的）
火腿 1块
（培根也可以）
黄瓜 1小段
含盐黄油 5g
葱末 1g
研磨胡椒粉

今天我们要做的是一款源于瑞典斯德哥尔摩的风琴土豆 Hasselback Potatoes，传统的方法是用锡纸裹住土豆进烤箱烤熟，我用了微波炉缩短了烹饪时间（不影响口味），这样作为早餐来讲更加便捷。

作为一个资深吃货，必须要把土豆吃出新高度。

接下来满屋飘香的〔风琴土豆〕献给大家。

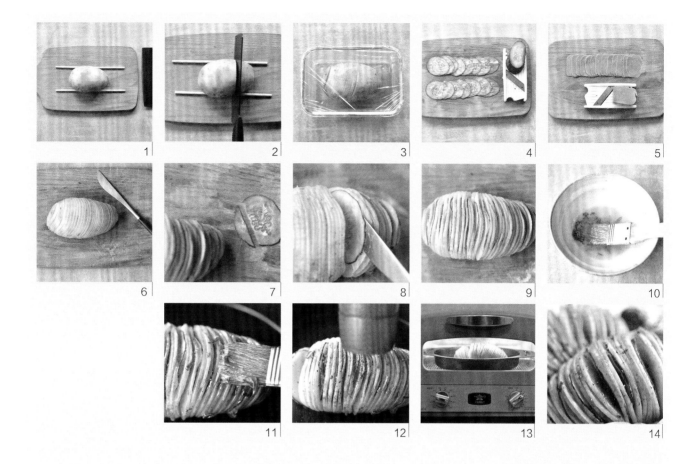

⊙4·黄瓜切片，越薄越好，这2元一个的切片器买的太值了。

⊙5·火腿也可以用切片器切。

⊙6·接下来要借用一把餐刀作为辅助，就能快速地把黄瓜片和火腿片夹好。

⊙7·土豆片的面积会比较小，把黄瓜片切掉三分之一，刚刚好塞进去。

⊙8·借助餐刀把黄瓜片和火腿片一片一片夹进去。

⊙9·夹完后的样子，既整齐又漂亮！

⊙10·把葱末和黄油放在一起隔水融化。

⊙11·把土豆移到烤盘上，刷上融化好的黄油葱末，大胆地刷，让黄油流到夹片中间去。

⊙1·土豆洗净（可去皮），用筷子垫在土豆两侧，这样不会把土豆切断。

⊙2·刀工好的可以切2~3mm厚，一般的就切5mm吧！再厚可就不好看了。

⊙3·把切好的土豆放进盘里，盘里加一点点水，包上保鲜膜，放进微波炉高火转5分钟。

⊙12·刷好后，均匀地撒上研磨胡椒粉，也可以根据个人口味加上孜然或迷迭香。

⊙13·这款烤箱不需要预热，可急速2秒升温，所以260℃烤3分钟就好了，普通烤箱需200℃烤12分钟，表面微微金黄即可，用微波炉中火5分钟也是可以，但是表面没有焦脆感。

⊙14·出炉啦！上个定妆照！

PART3

小鸡蛋糕

准备食材

低筋面粉 70g

砂糖 40g

鸡蛋 6枚
（只用到2枚的蛋液但
是需要6个鸡蛋壳）

黄油 23g
（或烘焙油23g）

牛奶 40g

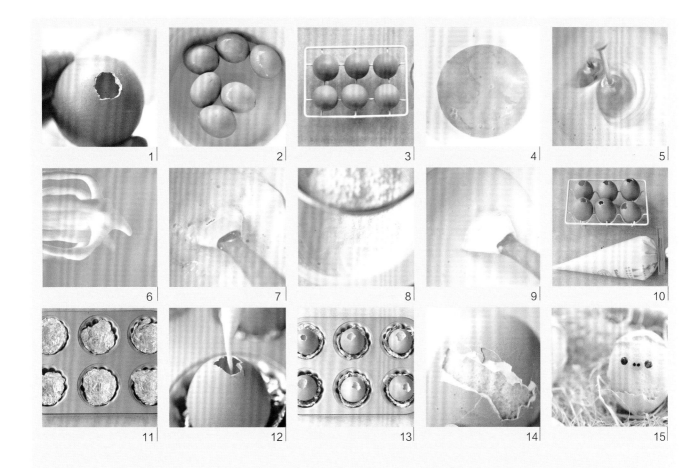

⊙1·鸡蛋洗净，用尖锐的物体挖一个小孔，倒出蛋液，留两枚蛋的量，其余4枚单放。

⊙2·把6枚蛋壳扔进清水里浸泡5分钟，把里面的残留物都给洗干净。

⊙3·把蛋壳倒过来晾干。

⊙4·在两枚蛋的蛋液中一次性加入40g砂糖。

⊙5·把盆倾斜，用打蛋器高速打发至蛋液充分膨胀。

⊙6·打到提起来能拉起小尖尖为止，能出现清晰的纹路并且纹路不会消失。

⊙7·加入融化的黄油或者烘焙油（不喜欢腥味的可以加几滴香草精）再加入牛奶轻拌一下就好，不要很多下。

⊙8·筛入低筋面粉。

⊙9·快速翻拌，切记不要搅拌过度，不然容易消泡。

⊙10·将搅拌好的面糊装入裱花带，袋口用夹子加紧，这样挤的时候不会从袋口溢出来。

⊙11·把锡纸折成小凹槽放进模具里。

⊙12·把鸡蛋壳放在锡纸上，把面糊挤到晾干的蛋壳中，挤到8分满就可以了。

⊙13·烤箱180℃预热20分钟。
上下火180℃烤15分钟，看见溢出来的蛋糕微微焦黄即可。

⊙14·把溢出来的蛋糕剥干净后，把中间的蛋壳小心敲碎，随意地拨开。

⊙15·用海苔剪成眼睛和鼻子，萌化了！

PART3

小粉猪饭团

准备食材

米饭 240g
腌制的日本梅子 4颗
（某宝有卖）
海苔半张
即食火腿片 1包

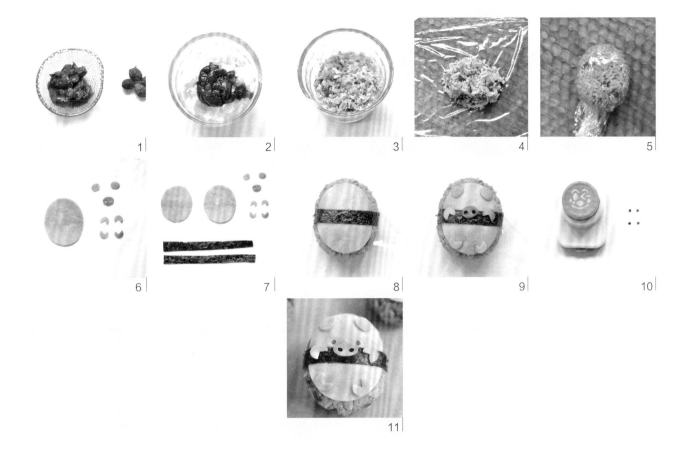

⊙1·梅子去核。

⊙2·去核后的梅子加入米饭中，因为梅子口味酸甜，所以不需要加寿司醋。

⊙3·把梅子捣碎在米饭中，搅拌均匀。

⊙4·铺一张保鲜膜，把60g梅子饭放在保鲜膜上（食材可做4个）。

⊙5·包起保鲜膜，整成鹅蛋形，捏紧。

⊙6·把火腿片剪成比饭团小一圈的鹅蛋形，同时剪出鼻子、耳朵和4个小猪蹄，可以用吸管按出两个小鼻孔。

⊙7·再用海苔剪出小长条做腰带。

⊙8·用腰带把圆形火腿片绑住。

⊙9·黏上刚刚剪好的耳朵、鼻子和小猪蹄。

⊙10·用压模器在海苔上压出圆形的小眼睛。

⊙11·黏上眼睛，大功告成。

PART 4

嫁给爱情

这世间，唯有爱与美食不可辜负。

一个女人所憧憬的未来，无非是两人，三餐和四季。愿我们都能嫁给爱情，等来那个为你做饭的人。若那个人还没有来，每个特别的节日，我们也不忘给自己一个小小的仪式感，在这个属于自己的清晨时光里，即便哪天老了，也要保持一颗浪漫的心。相信美食给你带来的自愈力。

PART4

虾仁肠粉是一道广式传统点心，
需即做即吃，
今天我就把这道美食演绎一遍，
喜欢的朋友在家里就能做。

虾仁肠粉早餐

准备食材

粘米粉 70g
澄粉或者生粉 20g
葱
油 10g
熟虾仁 10 只左右
水 270ml
生抽

步骤

· 1 · 水烧开，把盘子放蒸锅里蒸热，刷上一层油。

· 2 · 把水、粘米粉、生粉一起混合，调匀。

· 3 · 先用勺子倒入三分之一，摇晃均匀，铺平，蒸2~3分钟。

· 4 · 把3~4只熟虾仁横着摆一排，置于米粉皮上，撒上少许葱末。

· 5 · 从一端开始慢慢卷住虾仁，尽量卷紧，盛出。同样方法再做两个。

· 6 · 摆盘，倒上少许生抽，趁热即食。

· P S · 肠粉中的水和粉的比例是3:1，水太少，卷的时候容易裂开；水太多就会蒸不成形。

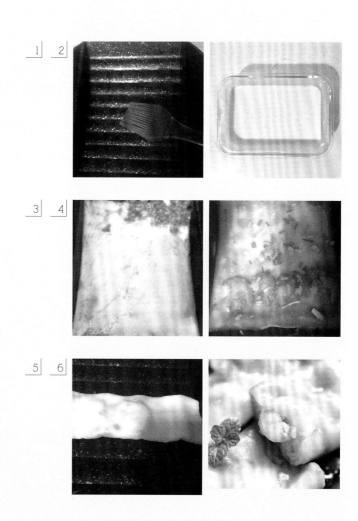

PART4

抹茶紫薯铜锣烧

鸡蛋 2枚
砂糖 70g
蜂蜜 5g
低筋面粉 130g
抹茶粉 4g
泡打粉 1/2 茶匙
牛奶 100ml
紫薯 70g
橄榄油

鲜榨橙汁或抹茶燕麦思慕雪

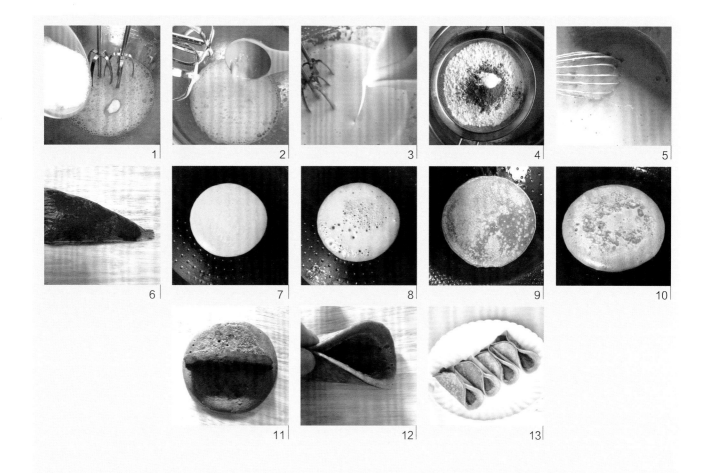

1

2

3

4

5

6

7

8

9

10

11

12

13

⊙1·鸡蛋用打蛋器打散，加入70g砂糖，搅拌均匀。

⊙2·加入蜂蜜，继续搅拌均匀。

⊙3·打发至黏稠，再加入牛奶继续搅拌。

⊙4·筛入低筋面粉、抹茶粉、泡打粉。

⊙5·搅拌至面糊呈流动状态，盖上保鲜膜放入冰箱，静置30分钟后拿出，

如果拿出后太干，加4ml水，再把面糊搅拌至流动状态。

⊙6·紫薯蒸熟，碾成泥后装入裱花袋（如果太干，可以加点蜂蜜搅拌会更湿润）。

⊙7·锅开小火，倒入点橄榄油，再用厨房纸稍微擦干，用勺子舀一勺面糊，离锅20cm高处倒入，面糊会自动摊成圆形。

⊙8·待面糊开始慢慢起小泡，约30秒。

⊙9·起泡后就用铲子掀起翻一面。

⊙10·另外一面煎的时间不需要太长，大概15秒就可以起锅。

⊙11·在煎好的铜锣烧上挤上一根紫薯条，长度比边缘略短。

⊙12·趁热将铜锣烧两边捏在一起，一定要趁热才能粘住！！

·PS·手怕烫的小伙伴可以借助筷子来完成。

⊙13·完成！抹茶紫薯铜锣烧来啦。

三色蒸蛋

早餐

准备食材

皮蛋 2个
咸蛋黄 4个
鸡蛋 4枚
锡纸一张
（以上食材可以做出2人份）

步骤

- 1·把锡纸贴合在长方形蒸碗内。
- 2·皮蛋、咸蛋黄切丁，把鸡蛋的蛋黄和蛋清分离，把皮蛋丁和咸蛋黄丁用蛋清混合，轻轻搅拌几下倒入蒸碗中，盖上保鲜膜，在保鲜膜上扎几个小洞，开水上锅蒸10分钟。
- 3·蛋白凝固后，打开保鲜膜。
- 4·倒入搅拌均匀的蛋黄液，再包上保鲜膜，扎几个小洞，继续蒸15分钟。
- 5·蒸好后掀起边缘的锡纸，脱模拿出。
- 6·倒扣后切片或者切块装盘。
- 7·摆盘即可，它还有个名字，我叫它混蛋！

PART4

玫瑰饺子

准备食材

肉末 200g
（加入姜末 5g
生抽、
蚝油、
盐
各1小勺，
葱花 3g
搅拌均匀）
饺子皮
油

步骤

· 1· 把饺子皮如图一张压一张重叠，在饺子皮中间放上少许肉末。

· 2· 肉末铺好后，翻起饺子皮的一边向另一边对折。

· 3· 对折好的饺子皮，拿起一边向另一边卷起。

· 4· 卷好后，可以沾点水，更容易粘合。

· 5· 包好的样子。

· 6· 锅烧热倒入一勺油，逐个放入玫瑰饺子，先煎2分钟。

· 7· 再倒入半碗水，盖上锅盖用中小火焖煮，中途再加2次半碗水，最后掀开锅盖收汁即可。

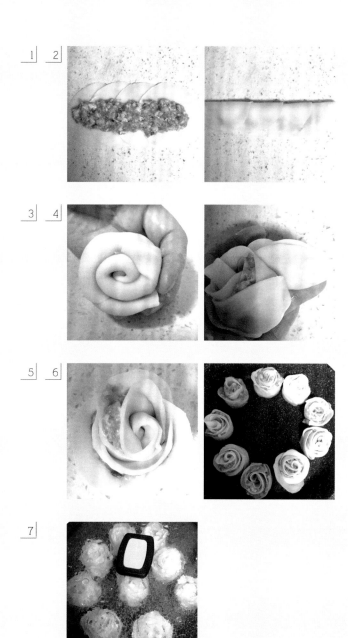

PART4

虾仁芝士爱心玉子烧

准备
食材

熟虾仁 40g
葱段 10g
芝士碎 20g
胡萝卜 10g
鸡蛋 3枚
盐 3g
生抽 1小勺
油

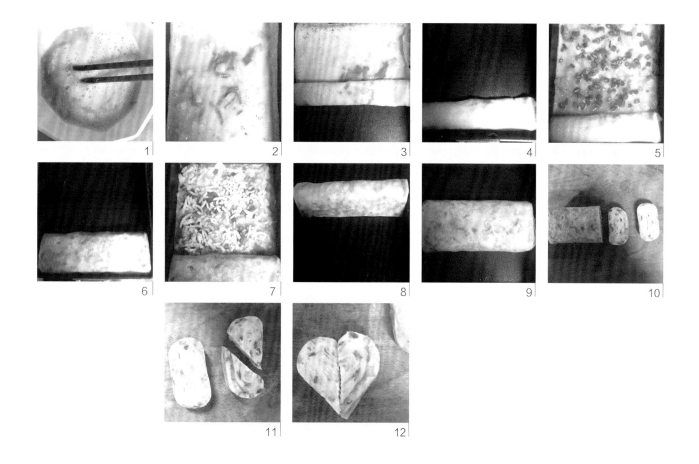

⊙1·胡萝卜切丝，焯水后沥干，熟虾仁剁碎，打入鸡蛋，加盐和少许生抽，一起抽打均匀。

⊙2·锅烧温热倒入少许油再用厨房纸擦干，倒入蛋液，小火加热让蛋液慢慢凝固。

⊙3·蛋液凝固时，用锅铲掀起下角的边缘往上方慢慢卷起。

⊙4·卷完一层后推到锅的下方。

⊙5·在锅面上涂上薄薄一层油，再倒入蛋液，摇动锅面让蛋液和刚刚卷好的蛋卷粘合，撒上葱段继续用小火加热，凝固后卷起。

⊙6·卷好后还是推到锅的下方，再刷上薄薄一层油。

⊙7·再倒入蛋液，摇动锅面让蛋液和刚刚卷好的蛋卷粘合，再撒上葱段和芝士碎，继续用小火加热到凝固。

⊙8·重复2~3次以上步骤，直到把蛋液全部倒完。

⊙9·卷好后关火，慢慢翻动玉子烧，利用余温四面定型。

⊙10·用刀均匀切开，1cm厚度即可。

⊙11·在玉子烧上斜切一下。

⊙12·转动一半玉子烧，与另外半个就拼成爱心形状啦。

·ＰＳ·每次倒蛋液之前记得在锅面薄薄地刷一点油，喜欢芝士拉丝口感的就要趁热吃哦，注意别烫到就好。

PART4

早餐口袋面包

阳台上的月季长新芽了……
每一天都是新的，
每一段时光都无所谓好
也无所谓坏，
我只要拥抱生活就好，
早安。

准备食材

中筋面粉 200g
（高筋也可以）
砂糖 10g
盐 2g
酵母 2g
黄油 10g
胡萝卜汁 125g

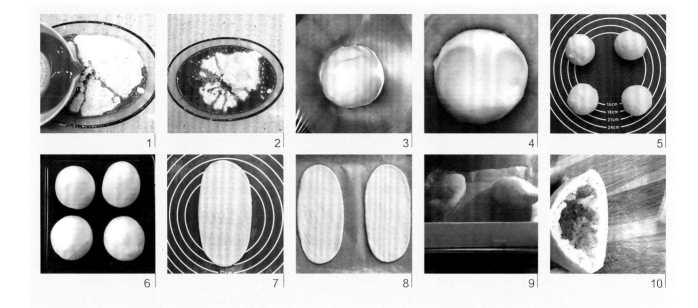

⊙1·胡萝卜汁榨好后，过滤一遍，倒入面
　　粉中。

⊙2·加入砂糖、盐、酵母，混合后揉面。

⊙3·加入黄油继续揉至面团扩展，最后
　　揉成光滑的面团（不要揉出膜），
　　盖上保鲜膜发酵。

⊙4·放在烤箱中或者室温（25~30℃）
　　下，发酵40~50分钟，直至面团变2
　　倍大。

⊙5·发酵完成后，把面团均匀分成4份。

⊙6·把揉圆的面团放在温暖处再次发酵
　　变大，这次20~25分钟。

⊙7·手上沾点干面粉，把变大的面团表
　　面薄薄地抹上一层干面粉，不要揉
　　面团，而是用擀面杖把面团轻轻擀
　　压成约20cm长，厚5mm的椭圆形，
　　不要太用力擀，否则会把里面的空
　　气排出。

⊙8·擀好后先移到油纸上，可以盖上一
　　块布，再发酵10分钟。

⊙9·烤箱预热230℃20分钟，把面饼放入
　　烤箱中烤5~6分钟，大概2分钟时面
　　饼就会像图片上慢慢膨胀鼓起来，
　　看见有颜色了可以用锡纸盖一下，
　　好了就可以取出。

⊙10·拿出放凉切开，里面就是鼓起空空
　　　的，可以塞自己喜欢的蔬菜肉类就
　　　可以开动了。

PART4

酸奶淋水果紫薯环

冬天里除了早上醒来总是灰蒙蒙的，拍照没有光线以外，其他都挺好，毕竟是等了三个季节才轮到的冬天，也要好好过，早安。

准备食材

紫薯 3 个
喜欢的水果混合 1 小碗
酸奶 150g
牛奶
油

⊙4·搅拌细腻的紫薯泥。

⊙5·在圆环外圈的内壁上涂点食用油，
     等下好脱模，把紫薯泥舀入外圈
     里，碗固定在中间，没有外圈的就
     紧贴着中间的小碗慢慢搭圆环也是
     可以的。

⊙1·准备一个大盘子，一个小碗，一个圆
     环外圈，如果没有圆环外圈就试着徒
     手搭圆环。

⊙6·填满紫薯泥的样子。

⊙2·把紫薯蒸熟，剥去外皮，碾成泥。

⊙3·紫薯泥太干的话，就加少许牛奶进
     行搅拌。

⊙7·先把整个环连同碗一起拿起来，再
     把里面的碗轻轻按下去，动作轻一
     点，慢一点。

⊙8·再脱去外圈。

⊙9·把喜欢的水果切碎倒入紫薯环内。

⊙10·淋上厚厚的酸奶。

PART4

鞋子蛋包饭

准备食材

米饭 200g
杂蔬 25g
番茄酱 20g
芝士 2片
盐
黑胡椒粉
鸡蛋 2枚
面条 1根
油

⊙1·鸡蛋中加入少许盐，抽打均匀。

⊙2·蛋液用过滤网过滤至少两次。

⊙3·开小火，锅内倒少许油，用厨房纸擦掉大部分油，留薄薄一层，倒入蛋液后迅速转动锅面，让蛋液均匀铺平，小火加热煎熟后盛出。

⊙4·锅烧热倒入油，放入米饭翻炒，再放入杂蔬继续翻炒，加入黑胡椒粉和盐，最后放番茄酱。

⊙5·剪一张保鲜膜铺在桌上把炒好的饭倒在中间。

⊙6·用保鲜膜把炒饭整形成鞋子的形状。

⊙7·把油纸放在上面画出鞋面图形。

⊙8·照着鞋型剪出上、左、右3片，把剪下的油纸贴在蛋皮上，沿着油纸形状剪出鞋型来。

⊙9·按出鞋带孔，拿1片芝士平均切4份，另1片剪成半圆形，面条烫软切6段。

⊙10·把整形好的鞋型炒饭从保鲜膜中解开，把蛋皮鞋面如图包好。

⊙11·把面条一条一条交叉编好。

⊙12·把圆弧形芝士包在鞋头，其他的包在两侧下面做鞋边。

⊙13·背后衔接处如果不够长，就把剩下的蛋皮剪一点放鞋尾衔接，再剪出喜欢的商标粘上去。

奶酪吐司
爱心草莓酱

准备
食材

吐司 4片
草莓酱
奶油奶酪
心形模具

这个爱心吐司步骤简单得不得了,

就算是手残党一样也能做得超级好哦!

如果觉得量小,

可以用大的心形模具,

肯定管饱!

草莓酱和奶油奶酪在高温下完美融合,

再搭上脆脆的吐司皮,

简直了!

· 1·用心形模具印在吐司上，扣出心形的
　　　吐司。

· 2·4片吐司总共扣出8个心形。

· 3·把4个心形吐司均匀地涂上厚厚的草
　　　莓酱。

· 4·另外4个涂上软化的奶油奶酪。

· 5·分别涂上草莓酱和奶油奶酪的心形
　　　吐司。

· 6·两两对扣在一起。

· 7·4对扣好后，烤箱预热200℃，烤8分钟，
　　　注意上色，吐司会鼓起来，奶油奶酪会
　　　和草莓酱完美融合在一起。

· 8·完美的组合，甜蜜的味道。

PART4

苹果玫瑰吐司

偶尔给自己或爱人花个小心思，做一份浪漫的早餐，柴米油盐的平淡生活也可以开出美好的芬芳。

准备食材

吐司 2片

红苹果 1个
（尽量挑颜色红的）

覆盆子酱
（其他自己喜欢的酱都可以）

砂糖 30g

海盐

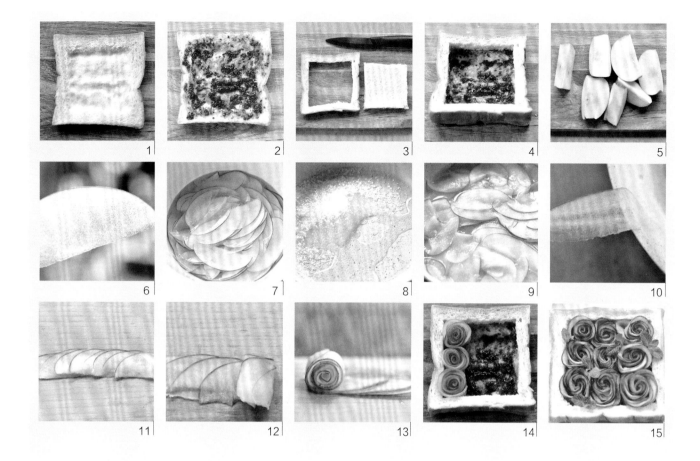

⊙1·用手指把吐司中间按压下去，形成凹槽。

⊙2·涂上你喜欢的果酱（我用的是自己熬的覆盆子酱），喜欢甜的就多涂点。

⊙3·另1片吐司，切去中间部分。

⊙4·把切好的吐司框叠到涂好果酱的那块吐司上。

⊙5·苹果去核切块。

⊙6·把块状的苹果切成薄片，越薄越好卷。

⊙7·切之前拿盆清水加一勺海盐进去，边切边把苹果片浸泡进去，防止苹果氧化变黄。

⊙8·砂糖倒进锅里，加30ml的水，加热融化砂糖。

⊙9·糖水沸腾后放入苹果片烫一下，一软就马上关火。

⊙10·把苹果片拿起，在锅的边缘蹭一下，去除多余糖水。

⊙11·把苹果片如图一片叠一片地排列整齐，每一朵8~10片即可。

⊙12·从右边开始向左边卷起，这样卷的花形是向外开的样子。

⊙13·正面看过去的样子。

⊙14·用8~10片卷出的花一排刚好塞3个。

⊙15·一份浪漫的苹果玫瑰吐司卷就这么完成了！

PART4
麦当劳汉堡套餐

软萌的土豆汉堡，
爽脆的苹果薯条，
越吃越水灵的「苹果薯条」！
准备一份好心情，
在家享受这份特别的麦当劳吧！

准备食材

土豆泥　200g（加2g胡椒粉、1g盐混匀）

番茄　1片

芝士　1片

生菜　1片

剁碎的鸡胸肉　90g

（加2g淀粉、1g盐、4ml酱油、适量胡椒粉混匀）

白芝麻

沙拉酱

苹果　2个（红的苹果更漂亮喔）

盐水（一大碗清水+3g盐）

1

2

3

4

5

6

7

8

9

10

11

12

⊙1·剁碎的鸡胸肉加淀粉、盐、酱油、胡椒粉，搅拌均匀做成鸡肉饼。

⊙2·锅中加少许油，油热后放入鸡肉饼，整成圆形，每面各煎约3分钟，直至两面呈金黄色，盛出备用。

⊙3·调味过的土豆泥用保鲜膜包起，用力捏紧，再整成两个厚约1cm的圆饼，松开保鲜膜放在烘焙纸上。

⊙4·在土豆饼上依次放上生菜叶、番茄片，挤上沙拉酱，再叠上煎好的鸡肉饼。

⊙5·放上芝士片以及另一块土豆饼，撒白芝麻作为点缀。

⊙6·取1个苹果，用盐搓洗干净，底层切掉一层，便于放稳，上端切掉约1/5。

⊙7·立即放入盐水中泡约10秒钟，防止苹果氧化变色。

⊙8·用小刀在苹果上划出"M"形状，宽约5mm，用刀尖挑起果皮，再放入盐水泡约10秒钟。

⊙9·在苹果内先挖一个圆，再划出格子。

⊙10·挖出果肉制作成苹果碗，放入盐水泡约10秒钟。

⊙11·另一个苹果削皮，切成薯条状，放入盐水泡约10秒钟。

⊙12·组装!

当你还在执着地与棉被缠绵时，已有人沐浴在清晨的阳光中，享受着女王般的早餐。
一点点心思，一点点时间，今天就从早餐开始美丽。营养搭配、制作巧妙、造型独特的 48 款美味早餐，给一天充满正能量与好心情。
慢下来，从精致的早餐开始，生活也跟着精彩起来。

图书在版编目（CIP）数据

早餐女王驾到 / 李唯著 . -- 北京：化学工业出版社，2017.9（2018.3 重印）
ISBN 978-7- 122 - 30356- 1
I . ①早⋯ Ⅱ . ①李⋯ Ⅲ . ①食谱 Ⅳ . ① TS972.12
中国版本图书馆 CIP 数据核字 (2017) 第 183785 号

责任编辑：丰 华　李 娜　　　　整体设计：周周设计局
责任校对：宋 夏

出版发行：化学工业出版社 (北京市东城区青年湖南街 13 号 邮政编码 100011)
印　装：北京东方宝隆印刷有限公司
889mm × 1194 mm　1/16　印张 7　　字数 250 千字　2018 年 3 月　第 1 版第 3 次印刷

购书咨询：010-64518888(传真：010-64519686)　售后服务：010-64518899
网　址：http://www.cip.com.cn
凡购买本书，如有缺损质量问题，本社销售中心负责调换。

定　价：49.80 元　　　　　　　　　　　　　　　　　　版权所有 违者必究